피타고라스가 만든 수의 기원

익히기

01 피타고라스가 만든 수의 기원

익히기

초판 1쇄 발행일 | 2007년 11월 10일
초판 6쇄 발행일 | 2016년 10월 10일

지은이 | 홍선호
펴낸이 | 정은영
펴낸곳 | (주)자음과모음

편   집 | 지오커뮤니케이션즈
디자인 | 지오커뮤니케이션즈

출판등록 | 2001년 11월 28일 제2001-000259호
주소 | 121-897 서울시 마포구 성지길 54
전화 | 편집부 (02)324-2347, 경영지원부 (02)325-6047
팩스 | 편집부 (02)324-2348, 경영지원부 (02)2648-1311
e-mail | soseries@jamobook.com

ISBN 978-89-544-1704-4 (04410)

천재들이 만든
수학퍼즐익히기

홍선호(M&G영재수학연구소 소장) 지음

1

피타고라스가 만든 수의 기원

㈜자음과모음

차 례

초급

문제&풀이

496의 진약수를 구하여 그 합의 꼴로 나타내고, 완전수가 되는지 알아봅시다.

풀이 1

정답 496=1+2+4+8+16+31+62+124+248

완전수가 됨

풀이 진약수는 자기 자신을 제외한 약수로 496의 진약수는 아래와
같습니다.

1, 2, 4, 8, 16, 31, 62, 124, 248

이것을 합의 꼴로 나타내면,

496=1+2+4+8+16+31+62+124+248

따라서 496의 진약수를 모두 더하면 496 자신이 되므로 496
은 완전수입니다.

- **완전수** : 자신을 제외한 약수들의 합이 자신과 같은 수
- **과잉수** : 자신을 제외한 약수들의 합이 자신보다 큰 수
- **부족수** : 자신을 제외한 약수들의 합이 자신보다 작은 수

위의 표는 6세기경 피타고라스학파의 사람들이 숫자의 독특한 성질을 발견한 후 이름을 붙인 것입니다.

2부터 30까지의 약수를 구한 후 각 숫자들을 완전수, 과잉수, 부족수로 분류하시오.

분류 기준		기준에 맞는 수
피타고라스 학파의 숫자 분류	과잉수	
	완전수	
	부족수	

풀이 2

정답

분류 기준		기준에 맞는 수
피타고라스 학파의 숫자 분류	과잉수	12, 18, 20, 24, 30
	완전수	6, 28
	부족수	2, 3, 4, 5, 7, 8, 9, 10, 11, 13, 14, 15, 16, 17, 19, 21, 22, 23, 25, 26, 27, 29

1부터 2003까지의 자연수를 모두 더한 수가 홀수인지 짝수인지를 밝히고, 실제 계산 결과도 구하시오.

A.

정답 짝수, 2007006

풀이 1부터 2003까지의 수 중에서 홀수는 1002개, 짝수는 1001개 가 있습니다. 그런데 1부터 차례로 홀수와 짝수를 짝 지으면 1001개의 쌍과 마지막 홀수 2003이 남게 됩니다. 그런데 홀 수와 짝수의 합은 홀수이므로, 1001개의 쌍을 더하면 모두 홀수가 됩니다. 홀수를 홀수 개만큼 더하면 홀수가 되고, 여 기에 다시 마지막 홀수 2003을 더하면 결국 합은 짝수가 됩 니다.

실제 계산한 결과는

$$\underbrace{1+2+3+\cdots+2000+2001+2002+2003}_{2003}$$

$=2003 \times 1001 + 2003 = 2007006$입니다.

다음 그림에서처럼 정사각형의 개수를 세는 방법을 이용하면, 연속되는 홀수의 합을 쉽게 구할 수 있습니다. ☐안에 알맞은 수를 써 넣고, 그 원리를 설명하시오.

1+3=4=2×2

1+3+5=9=3×☐

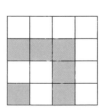

1+3+5+7=16=4×☐

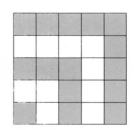

1+3+5+7+9=25=☐×☐

정답 3, 4, 5, 5

풀이 작은 단위 정사각형의 개수를 홀수 개씩 더해 나간 것으로, 단위 정사각형 1개와 3개를 합하면 첫 번째 그림과 같이 4개로 된 정사각형을 만들 수 있습니다. 그 개수는 2×2와 같습니다.

마찬가지로 단위 정사각형 1개, 3개, 5개를 합하면 두 번째 그림과 같이 9개로 된 정사각형을 만들 수 있고, 그 개수는 3×3과 같습니다.

이와 같은 방법을 나머지 두 그림에도 적용하면 됩니다. 여기에서 1부터 차례로 홀수를 더해 나갈 때 다음과 같은 규칙을 찾을 수 있습니다.

홀수 2개를 더하면 $2 \times 2 = 4$, 홀수 3개를 더하면 $3 \times 3 = 9$, 홀수 4개를 더하면 $4 \times 4 = 16$, 홀수 5개를 더하면 $5 \times 5 = 25$입니다.

따라서 1부터 연속하는 홀수들의 합은 홀수의 개수만 알면 쉽게 구할 수 있습니다. 즉, 1부터 연속하는 홀수 n개의 합은 $n \times n$개입니다.

다음 그림에서처럼 정사각형의 개수를 세는 방법을 이용하면 연속되는 짝수의 합을 쉽게 구할 수 있습니다. □안에 알맞은 수를 써 넣고, 그 원리를 설명하시오.

$2+4=6=2\times\square$

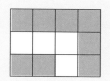

$2+4+6=12=\square\times\square$

풀이 5

정답 3, 3, 4

풀이 작은 단위 정사각형의 개수를 짝수 개씩 더해 나간 것으로,
단위 정사각형 2개와 4개를 합하면 첫 번째 그림과 같이 6개
로 된 직사각형을 만들 수 있습니다. 그 개수는 2×3과 같습
니다.

마찬가지로 단위 정사각형 2개, 4개, 6개를 합하면 두 번째
그림과 같이 12개로 된 직사각형을 만들 수 있고 그 개수는
3×4와 같습니다.

여기에서 2부터 차례로 짝수를 더해 나갈 때 다음과 같은 규
칙을 찾을 수 있습니다.

짝수 2개를 더하면 $2 \times 3 = 6$, 짝수 3개를 더하면 $3 \times 4 = 12$

따라서 2부터 연속되는 짝수들의 합은 짝수의 개수만 알면 쉽게
구할 수 있습니다. 즉 2부터 연속하는 짝수 n개의 합은 $n \times (n+1)$개입니다.

정삼각수에서 100번째까지의 점의 개수는 모두 몇 개인지 구하
시오.

풀이 6

정답 5050개

풀이 점의 수는 1+2+3+⋯+100이므로, 먼저 이 수를 2배하면

$$
\begin{array}{r}
1+\ \ 2+\ \ 3+\cdots+100 \\
+)\ \ 100+99+98+\cdots+\ \ 1 \\
\hline
=101+101+101+\cdots+101 \\
=101\times100
\end{array}
$$

이것을 2로 나누면, 101×100÷2=101×50=5050개가 됩니다.

세 번째 삼각수 6을 다음 그림과 같이 두 배로 늘려 오른쪽 빈칸에 배열하면 어떤 수가 되는지 설명하시오.

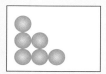 + =

정답

풀이 6의 2배는 12가 됩니다. 12는 위의 그림과 같이 세 번째 직
사각수입니다. 따라서 세 번째 삼각수 6의 2배는 세 번째 직
사각수가 됩니다.

다음은 홀수 또는 짝수가 그려진 그림을 합하여 오른쪽에 나타내고 어떤 수가 되는지 알아본 것입니다. 홀수와 짝수 사이에는 어떤 관계가 있는지 ☐안에 알맞은 말을 써 넣으세요.

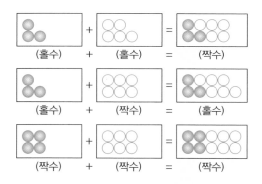

- 홀수에 홀수를 더하면 [ ] 가 됩니다.
- 홀수에 짝수를 더하면 [ ] 가 됩니다.
- 짝수에 짝수를 더하면 [ ] 가 됩니다.
- 둘째 홀수와 셋째 홀수의 합은 [ ] 짝수입니다.
- 둘째 홀수와 셋째 짝수의 합은 [ ] 홀수입니다.
- 둘째 짝수와 셋째 짝수의 합은 [ ] 짝수입니다.

풀이 8

정답 짝수, 홀수, 짝수, 넷째, 다섯째, 다섯째

3(둘째 홀수) + 5(셋째 홀수) = 8(넷째 짝수)

3(둘째 홀수) + 6(셋째 짝수) = 9(다섯째 홀수)

4(둘째 짝수) + 6(셋째 짝수) = 10(다섯째 짝수)

다음 그림을 잘 관찰하고 빈 곳을 채워 넣으시오. 그리고 그 속에
어떤 규칙이 있는지 설명하시오.

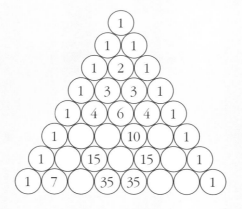

풀이 9

정답

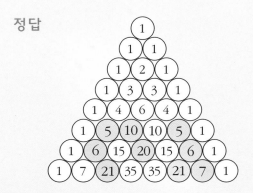

풀이 파스칼의 삼각형은 양 변을 1로 늘어놓고 양 옆에 있는 두 수
를 더하여 그 수를 두 수의 사이 아래에 쓴 것입니다.

1+4=5   10+5=15

다음 파스칼의 삼각형을 보고, 물음에 답하시오.

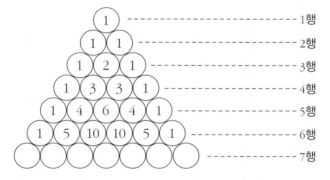

1행
2행
3행
4행
5행
6행
7행

① 6행 다음에 이어지는 7행의 수들을 구하시오.

② 각 행들의 합을 구하고 어떤 규칙이 있는지 설명하시오.

정답 ① 1, 6, 15, 20, 15, 6, 1

② 1행의 합 : 1

2행의 합 : 1+1=2

3행의 합 : 1+2+1=4=2×2

4행의 합 : 1+3+3+1=8=2×2×2

5행의 합 : 1+4+6+4+1=16=2×2×2×2

6행의 합 : 1+5+10+10+5+1=32=2×2×2×2×2

따라서 n행의 합은 2를 ($n-1$)번 곱한 것과 같습니다.

쥐 여덟 마리를 다음 그림과 같은 육각형 미로에 넣었습니다. 갈림길마다 쥐들이 정확히 절반씩 나뉘어 흩어진다고 합니다. 가, 나, 다, 라 지점으로 각각 몇 마리가 지나가는지 ◯ 안에 알맞은 수를 쓰시오.

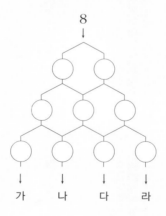

풀이 11

정답

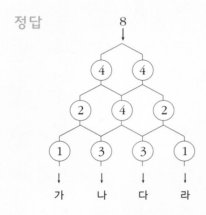

풀이 가에는 1마리, 나에는 3마리, 다에는 3마리, 라에는 1마리의
쥐가 지나가게 됩니다.

따라서 가, 나, 다, 라 지점을 지나는 쥐의 수는 8마리로 처
음의 쥐의 수와 같습니다.

다음 그림처럼 영문자 G, O, L, D가 삼각형 모양 안에 놓여 있습니다. 위에서 구슬 하나를 굴려 미끄러지는 길을 따라 만나는 문자를 뽑아서 GOLD라는 단어를 만들려고 합니다. 이때 GOLD를 만드는 방법은 모두 몇 가지인지 구하시오.

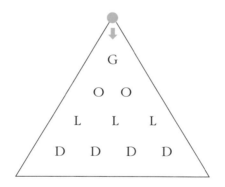

정답 8가지

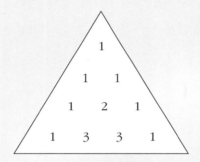

```
          1
       1     1
    1     2     1
  1     3     3     1
```

풀이 위의 그림에서 마지막 수를 더하면 1+3+3+1=8가지입니다.

GOLD라는 단어가 완성되려면 각각 G, O, L, D 순으로 구슬이 굴러 가야 합니다. 각각의 철자에서 다음 철자로 가는 경우의 수는 파스칼 삼각형의 규칙과 같습니다.

다음 수들의 크기를 비교하여 ◯ 안에 부등호로 나타내시오. 그리고 분수와 소수 중에서 수의 크기를 비교하기에 편리한 수는 어떤 수인지 설명하시오.

$\dfrac{2}{3}$ ◯ $\dfrac{19}{24}$ $\dfrac{15}{18}$ ◯ $\dfrac{7}{32}$

$\dfrac{8}{11}$ ◯ $\dfrac{5}{7}$ $\dfrac{9}{16}$ ◯ $\dfrac{5}{14}$

4.356 ◯ 4.323 0.8745 ◯ 0.8743

2.456 ◯ 24.56 3.1415 ◯ 3.1416

정답 $\dfrac{2}{3}$ ⟨ $\dfrac{19}{24}$ $\dfrac{15}{18}$ ⟩ $\dfrac{7}{32}$

$\dfrac{8}{11}$ ⟩ $\dfrac{5}{7}$ $\dfrac{9}{16}$ ⟩ $\dfrac{5}{14}$

4.356 ⟩ 4.323 0.8745 ⟩ 0.8743

2.456 ⟨ 24.56 3.1415 ⟨ 3.1416

수의 크기 비교에는 소수가 더 편리합니다.

풀이 수의 크기를 비교하는 경우 분수는 분모가 다르면 통분해야
하므로 불편하지만 소수는 앞에서부터 자리수를 비교하면
되므로, 수의 크기를 비교하는 것은 분수보다 소수가 더 편
리합니다.

다음 수들의 곱셈과 나눗셈을 해 보시오. 그리고 곱셈과 나눗셈을 할 때 분수와 소수 중 어느 수가 더 편리한지 설명하시오.

$$\frac{15}{18} \times \frac{7}{32} = \boxed{}$$ $$\frac{6}{16} \times \frac{8}{25} = \boxed{}$$

$$\frac{21}{28} \div \frac{3}{8} = \boxed{}$$ $$\frac{7}{22} \div \frac{5}{11} = \boxed{}$$

$$7.23 \times 4.73 = \boxed{}$$ $$0.421 \times 0.213 = \boxed{}$$

$$7.45 \div 2.45 = \boxed{}$$ $$9.3 \div 5.38 = \boxed{}$$

정답 $\dfrac{15}{18} \times \dfrac{7}{32} = \boxed{\dfrac{35}{192}}$ $\dfrac{6}{16} \times \dfrac{8}{25} = \boxed{\dfrac{3}{25}}$

$\dfrac{21}{28} \div \dfrac{3}{8} = \boxed{2}$ $\dfrac{7}{22} \div \dfrac{5}{11} = \boxed{\dfrac{7}{10}}$

$7.23 \times 4.73 = \boxed{34.1979}$

$0.421 \times 0.213 = \boxed{0.089673}$

$7.45 \div 2.45 = \boxed{3.0408\cdots}$

$9.3 \div 5.38 = \boxed{1.728\cdots}$

곱셈과 나눗셈은 분수가 더 편리합니다.

풀이 분수와 소수 중에서 곱셈과 나눗셈을 하기에 편리한 수는 분수입니다. 분수 곱셈은 약분이 가능하므로 소수 곱셈에 비해 좀 더 쉽고, 소수 나눗셈은 나누어떨어지지 않는 경우가 있어 분수 나눗셈이 좀 더 쉽습니다.

다음 그림과 같이 가로가 1.5m, 세로가 2.4m인 직사각형이 있습니다. 이 직사각형과 넓이가 같은 평행사변형을 만들려고 합니다. 평행사변형의 밑변을 $3\frac{1}{2}$m로 하려면, 높이는 몇 m로 해야 하는지 구하시오.

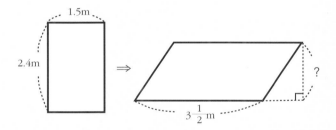

풀이 15

정답 $1\dfrac{1}{35}$ m

풀이 평행사변형의 넓이를 구하는 공식은 '밑변×높이' 이므로

$1.5 \times 2.4 = 3\dfrac{1}{2} \times$ (높이)입니다.

따라서 (높이) $= (1.5 \times 2.4) \div 3\dfrac{1}{2}$

$= 3.6 \div \dfrac{7}{2}$

$= \dfrac{\overset{}{36}}{\underset{5}{10}} \times \dfrac{\overset{1}{2}}{7} = \dfrac{36}{35} = 1\dfrac{1}{35}$ m가 됩니다.

다음과 같이 일의 자리 숫자가 3인 세 자리 회문 숫자는 모두 몇 개인지 구하시오.

303, 333

풀이 16

정답 10개

풀이 일의 자리 숫자가 3인 세 자리 회문 숫자는 백의 자리도 3이
되어야 합니다. 3□3에서 □에는 0부터 9까지 들어갈 수
있으므로 일의 자리 숫자가 3인 세 자리 회문 숫자는 10개입
니다.

다음과 같이 십의 자리 숫자가 3인 세 자리 회문 숫자는 모두 몇 개인지 구하시오.

535, 333

정답 9개

풀이 ☐3☐에서 ☐에는 1부터 9까지 들어갈 수 있으므로 십의
자리 숫자가 3인 세 자리 회문 숫자는 9개입니다.

다음과 같이 일의 자리 숫자가 7인 네 자리 회문 숫자는 모두 몇 개인지 구하시오.

7007, 7447

풀이 18

정답 10개

풀이 일의 자리 숫자가 7인 네 자리 회문 숫자는 천의 자리 숫자
도 7이어야 합니다. 7□□7에서 □에는 0부터 9까지 들
어갈 수 있으므로 일의 자리 숫자가 7인 네 자리 회문 숫자
는 10개입니다.

0부터 9까지 적힌 숫자 카드가 여러 장 있습니다. 이 숫자 카드를 사용하여 만드는 두 자리 수 중에서, 앞뒤와 위아래 순서를 뒤집어 읽어도 같은 수가 되는 수는 모두 몇 개인지 구하시오.

풀이 19

정답 2개

풀이 카드의 앞뒤와 위아래를 뒤집어 읽어도 같은 수가 되는 숫자
는 0, 1, 8입니다. 따라서 0, 1, 8로 두 자리 회문 숫자를 만들
면 11과 88입니다.

기성이는 저금통에 10원짜리 동전 43개, 50원짜리 동전 25개, 100원짜리 동전 47개, 500원짜리 동전 19개를 모았습니다. 이것을 은행에 가져가서 1000원짜리 지폐로 바꾸면 얼마까지 바꿀 수 있는지 구하고, 어떤 어림 전략을 적용했는지 밝히시오.

정답 15000원, 버림

풀이 기성이가 모은 동전은 모두 $(43 \times 10)+(50 \times 25)$ $+(100 \times$ 47$)+(500 \times 19)=15880$원이며, 1000원짜리 지폐로 바꾸기 위해서는 버림을 적용해야 하므로 15000원까지 바꿀 수 있습니다.

기환이가 친구들에게 줄 선물을 포장하는 데 리본 8.87m가 필
요합니다. 그런데 가게에서는 리본을 50cm 단위로 판다고 합니
다. 기환이가 사야 할 리본의 길이는 몇 cm인지 구하고, 어떤
어림 전략을 사용했는지 밝히시오.

풀이 21

정답 900cm, 올림

풀이 8.87m는 887cm이고 50cm 단위로 사야 하므로 사야 할 끈
의 길이는 올림을 적용하여 900cm입니다.

영재 수학을 배우는 어린이의 몸무게를 조사하였더니 4명은 26.8kg, 5명은 27.3kg이었습니다. 어린이들의 평균 몸무게를 소수점 첫째 자리까지 구하고, 어떤 어림 전략을 적용했는지 밝히시오.

A.

풀이 22

정답 27.1kg, 반올림

풀이 영재 수학을 배우는 9명의 어린이의 몸무게를 더하면, (26.8
×4)+(27.3×5)=243.7kg이 됩니다.

9명의 평균 몸무게는 243.7÷9=27.07…kg이므로, 소수 둘째
자리에서 반올림을 적용하면 27.1kg임을 알 수 있습니다.

3, 4, 5, 6의 숫자를 모두 한 번씩 써서 만든 네 자리 수 중에서, 백의 자리에서 반올림하여 5000이 되는 수는 모두 몇 개인지 구하세요.

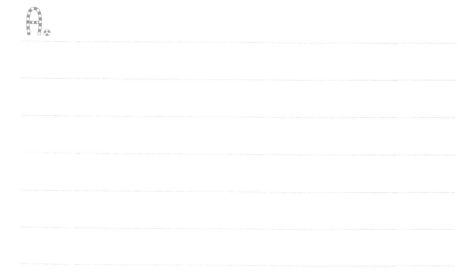

정답 8개

풀이 백의 자리에서 반올림하여 5000이 되는 수는 4500보다 크거
나 같고, 5500보다 작은 수입니다.

• 천의 자리가 4일 때 반올림하
여 5000이 되는 수는 다음과 같
이 4개입니다.

• 천의 자리가 5일 때 반올림하
여 5000이 되는 수는 다음과 같
이 4개입니다.

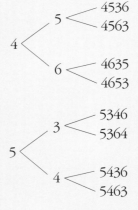

따라서 백의 자리에서 반올림하
여 만들 수 있는 수는 8개입니다.

45를 연속수 6개의 합, 연속수 9개의 합으로 나타내시오.

$45 = \square + \square + \square + \square + \square + \square$

$45 = \square + \square + \square + \square + \square + \square + \square + \square + \square$

정답 5+6+7+8+9+10, 1+2+3+4+5+6+7+8+9

풀이 짝수 개의 연속수의 합은 중간 두 수의 합이 평균이 됩니
　　다. 따라서 45÷3=15이므로 45=5+6+7+8+9+10이 되고, 홀
　　수 개의 연속수의 합은 중간 수가 평균이 되므로 45÷9=5가 됩니
　　다. 따라서 45=1+2+3+4+5+6+7+8+9가 됩니다.

1, 3, 5와 같이 홀수가 차례대로 있을 때, 이를 연속되는 홀수라고 합니다. 연속되는 홀수 5개의 합이 125일 때 ☐ 안에 알맞은 수를 써 넣으세요.

$$125 = \square + \square + \square + \square + \square$$

풀이 25

정답 21+23+25+27+29

풀이 125÷5=25이므로 25가 중간 수가 되어 연속하는 홀수의
합으로 나타내면 21+23+25+27+29입니다.

연속하는 두 자리 수가 3개 있습니다. 이 세 수의 십의 자리 숫자의 합이 13일 때, 연속하는 세 수의 합은 얼마인지 구하시오.

정답 147

풀이 연속하는 두 자리 수가 3개이므로 십의 자리 숫자는 모두 같
거나 1개만 달라야 합니다. 십의 자리 숫자의 합이 13이므로
십의 자리 숫자는 4, 4, 5입니다. 따라서 연속하는 3개의 두
자리 수는 48, 49, 50이 되고, 합은 48+49+50=147입니다.

20보다 작은 수로 이루어진 연속하는 세 자연수의 합이 12로 나누어떨어지는 경우를 구하여 ☐ 안에 알맞은 수를 넣으시오.

$$12 = \square + \square + \square, \quad \square = \square + \square + \square$$

$$\square = \square + \square + \square, \quad \square = \square + \square + \square$$

정답 3+4+5, 24=7+8+9, 36=11+12+13, 48=15+16+17

풀이 1부터 19까지의 자연수 중에서 연속하는 세 자연수의 합
이 12의 배수가 되는 경우를 찾으면 됩니다.

다음 조건을 만족하는 세 수 ㉮, ㉯, ㉰를 구하시오.

- ㉮는 38에서 ㉯를 뺀 수와 같다.
- ㉯와 ㉰를 더하면 45가 된다.
- ㉰는 43보다 ㉮만큼 작은 수이다.

풀이 28

정답 ㉮=18, ㉯=20, ㉰=25

풀이 문제의 조건을 식으로 나타내면

㉮=38−㉯ … ①

㉯+㉰=45 … ②

㉰=43−㉮ … ③

①에서 ㉮+㉯=38이고

②에서 ㉯+㉰=45이며

③에서 ㉰+㉮=43이므로

세 개의 식을 모두 더하면

(㉮+㉯)+(㉯+㉰)+(㉰+㉮)=38+45+43입니다.

이것을 정리하면 2×(㉮+㉯+㉰)=126이고,

㉮+㉯+㉰=63입니다.

따라서 ①, ②, ③ 식을 이용하면

㉮=18, ㉯=20, ㉰=25입니다.

다음 조건에 맞는 네 자리 수 중 가장 작은 수를 구하시오.

- 일의 자리 숫자와 천의 자리 숫자의 합은 8이고 일의 자리 숫자는 소수이다.
- 백의 자리 숫자가 십의 자리 숫자보다 1만큼 작다.
- 백의 자리 숫자와 십의 자리 숫자로 만든 두 자리 수는 소수이다.
- 2의 배수이다.

정답 6232

풀이 네 자리 수는 짝수인데 일의 자리 숫자가 소수이므로 일의
자리 숫자는 2이고, 일의 자리 숫자와 천의 자리 숫자의 합
이 8이므로 천의 자리 숫자는 6입니다.
따라서 네 자리 수를 6㉠㉡2로 쓸 수 있습니다. 백의 자리
숫자가 십의 자리 숫자보다 1 작은 경우는 01, 12, 23, 34,
45, 56, 67, 78, 89가 있는데 이 중 두 숫자가 소수가 되면서
가장 작은 경우는 23이므로 네 자리 수는 6232입니다.

다음 조건에 알맞은 수를 구하시오.

- 각 자리의 숫자가 서로 다른 네 자리 수이다.
- 일의 자리 숫자와 십의 자리 숫자의 합은 백의 자리 숫자 7 과 같다.
- 일의 자리 숫자와 십의 자리 숫자의 곱은 4의 배수이다.
- 일의 자리 숫자가 십의 자리 숫자보다 크다.
- 천의 자리 숫자는 일의 자리 숫자의 2배이다.

정답 8734

풀이 각 자리의 숫자가 서로 다른 네 자리 수이므로 ㉠㉡㉢㉣이 라고 해 봅시다. 그런데 백의 자리 숫자가 7이므로 ㉠7㉢㉣ 입니다.

일의 자리 숫자와 십의 자리 숫자의 합이 7이 되는 경우는 1+6, 2+5, 3+4, 4+3, 5+2, 6+1입니다.

그런데 일의 자리 숫자와 십의 자리 숫자의 곱이 4의 배수이 므로 3+4와 4+3만 주어진 조건과 맞습니다.

일의 자리 숫자가 십의 자리 숫자보다 크므로 ㉠734입니다.

마지막으로 천의 자리의 숫자는 일의 자리의 숫자의 2배이므 로 ㉠은 8이고 네 자리 수는 8734입니다.

100부터 1000까지의 자연수 중에서 440, 244 등과 같이 숫자 4가 두 번만 연속하여 놓이는 수는 모두 몇 개인지 구하시오.

정답 17개

풀이 숫자 4가 백의 자리와 십의 자리에 연속으로 놓이는 경우

  • 44☐의 경우 – ☐안에는 0부터 9까지의 숫자 중 4를
    제외한 9개의 숫자가 들어갈 수 있습니다.

숫자 4가 십의 자리와 일의 자리에 연속으로 놓이는 경우

  • ☐44의 경우 – ☐안에는 0부터 9까지의 숫자 중 4와 0
    을 제외한 8개의 숫자가 들어갈 수 있습니다.
    따라서 9+8=17개입니다.

1부터 9까지의 숫자 중에서 두 숫자를 골라 만들 수 있는 기약진

분수를 모두 구하시오.

풀이 3 2

정답 · 분모가 2인 경우 : $\dfrac{1}{2}$

· 분모가 3인 경우 : $\dfrac{1}{3}$, $\dfrac{2}{3}$

· 분모가 4인 경우 : $\dfrac{1}{4}$, $\dfrac{3}{4}$

· 분모가 5인 경우 : $\dfrac{1}{5}$, $\dfrac{2}{5}$, $\dfrac{3}{5}$, $\dfrac{4}{5}$

· 분모가 6인 경우 : $\dfrac{1}{6}$, $\dfrac{5}{6}$

· 분모가 7인 경우 : $\dfrac{1}{7}$, $\dfrac{2}{7}$, $\dfrac{3}{7}$, $\dfrac{4}{7}$, $\dfrac{5}{7}$, $\dfrac{6}{7}$

· 분모가 8인 경우 : $\dfrac{1}{8}$, $\dfrac{3}{8}$, $\dfrac{5}{8}$, $\dfrac{7}{8}$

· 분모가 9인 경우 : $\dfrac{1}{9}$, $\dfrac{2}{9}$, $\dfrac{4}{9}$, $\dfrac{5}{9}$, $\dfrac{7}{9}$, $\dfrac{8}{9}$

어떤 인쇄기로 1부터 442쪽까지 책을 찍으려고 합니다. 이 인쇄기는 한 번에 한 자씩 찍는다고 합니다. 이 책의 쪽수를 다 찍으려면 인쇄기로 모두 몇 번 찍어야 하는지 구하시오.

풀이 33

정답 1218번

풀이 숫자 하나마다 한 번씩 찍게 되어, 한 자리 수 1부터 9까지 1
×9=9번, 두 자리 수 10부터 99까지 90×2=180번, 세 자리 수
100부터 442까지 343×3=1029번 찍어야 합니다. 따라서 1부
터 442까지 모두 9+180+1029=1218번 찍어야 합니다.

지영이가 컴퓨터 자판을 한 번 누르는 데 0.2초가 걸리고, 한 번 누르고 나서 다시 누르기까지는 0.3초가 걸린다고 합니다. 지영이가 1부터 250까지의 숫자를 치는 데 걸리는 시간은 몇 분 몇 초인지 구하시오. 단, 초 단위는 소수점 첫째 자리에서 반올림합니다.

정답 5분 21초

풀이 지영이는 한 자리 수 1부터 9까지 9번 누르고, 두 자리 수 10 부터 99까지 $90 \times 2 = 180$번, 세 자리 수 100부터 250까지 $151 \times 3 = 453$번 누르므로, 자판은 모두 $9 + 180 + 453 = 642$번 누르게 됩니다.

그런데 한 번 누르고 다시 누르기까지의 공백이 641번 있으므로 걸리는 시간은

$(642 \times 0.2) + (641 \times 0.3) = 128.4 + 192.3 = 320.7$초이므로 $320.7 \div 60 = 5.345$, 즉 5분 20.7초입니다.

따라서 소수 첫째 자리에서 반올림하면 5분 21초 걸립니다.

정현이는 1초에 숫자 한 개를 쓸 수 있습니다. 즉, 세 자리 수 123을 쓰는 데 3초가 걸리고, 두 자리 수 56을 쓰는 데 2초가 걸립니다. 정현이가 1부터 250까지 쓰는 데 걸리는 시간을 구하시오.

풀이 35

정답 642초

풀이 1부터 9까지 9개의 숫자×1초=9초, 10부터 99까지 90개의 숫
자×2초=180초, 100부터 250까지 151개의 숫자×3초=453초,
따라서 9+180+453=642초입니다.

소수 0.12345678910111213 1415…가 있습니다. 소수점 아래 1000번째 자리의 숫자를 구하시오.

A.

정답 3

풀이 소수점 아래 숫자들을 보면 자연수를 순서대로 나열한 규칙
성이 있습니다. 따라서 1부터 9까지 숫자의 개수는 9개이고,
10부터 99까지 숫자의 개수는 180개이므로 세 자리 숫자는
1000−189=811개입니다.

811÷3=270…1이므로, 세 자리의 수가 270개 나온 후의 다
음 수는 99+270=369, 따라서 소수점 아래 1000번째 자리
의 숫자는 3입니다.

중급
문제&풀이

네 번째 완전수 8128의 진약수들을 구하고, 8128을 진약수들의 합의 꼴로 나타내시오.

A.

정답 $8128 = 1 + 2 + 4 + 8 + 16 + 32 + 64 + 127 + 254 + 508 +$
$1016 + 2032 + 4064$

풀이 네 번째 완전수 8128의 진약수는 1, 2, 4, 8, 16, 32, 64, 127,
254, 508, 1016, 2032, 4064입니다. 이것을 합의 꼴로 나타내
면 다음과 같습니다.

$8128 = 1 + 2 + 4 + 8 + 16 + 32 + 64 + 127 + 254 + 508 +$
$1016 + 2032 + 4064$

이처럼 진약수의 합은 8128이므로 8128이 **완전수**임을 알 수
있습니다.

위대한 프랑스의 수학자 페르마가 1636년에 발표한 한 쌍의 수 17296과 18416이 친화수가 됨을 증명하시오.

A.

풀이 2

정답 17296의 진약수는 1, 2, 4, 8, 16, 23, 46, 47, 92, 94, 184,
188, 368, 376, 752, 1081, 2162, 4324, 8648이고, 이 진약수
들의 합은 18416이 됩니다.

18416의 진약수는 1, 2, 4, 8, 16, 1151, 2302, 4604, 9208이
고, 이 진약수들의 합은 17296이 됩니다. 따라서 두 수
17296과 18416은 **친화수**입니다.

연속한 세 자연수의 합이 홀수인지, 짝수인지를 밝히고, 그 이유를 설명하시오.

A.

풀이 3

정답 연속한 세 자연수의 합은 다음과 같이 두 가지 경우로 나누어 생각할 수 있습니다. 세 자연수 중 홀수와 짝수의 개수에 따라 그 결과는 짝수 또는 홀수가 됩니다.

① 1+2+3, 5+6+7, …과 같이 홀수가 2개, 짝수가 1개인 경우 홀수 2개의 합은 짝수가 되고, 여기에 다시 짝수를 더하면 짝수가 됩니다.

② 2+3+4, 6+7+8, …과 같이 홀수가 1개, 짝수가 2개인 경우 짝수 2개의 합은 짝수가 되고, 여기에 다시 홀수를 더하면 홀수가 됩니다.

다음 문제를 읽고 물음에 답하시오.

① 1부터 연속하는 홀수 10개의 합을 구하시오.

② 1부터 연속하는 홀수 20개의 합을 구하시오.

③ 1부터 연속하는 홀수 n개의 합을 구하시오.

풀이 4

정답 ① 100 ② 400 ③ $n \times n$

풀이 ① $1+3+5+7+9+11+13+15+17+19=20 \times 10 \div 2=$

   $10 \times 10=100$입니다.

② $1+3+5+\cdots+39=20 \times 20=400$

③ 1부터 연속하는 홀수 n개가 있을 때, n번째 홀수는 $2n-1$
   입니다. 따라서 연속하는 홀수 n개의 합은 $1+3+5+\cdots$
   $+(2n-1)=n \times n$

다음 문제를 읽고 물음에 답하시오.

① 2부터 연속하는 짝수 10개의 합을 구하시오.

② 2부터 연속하는 짝수 20개의 합을 구하시오.

③ 2부터 연속하는 짝수 n개의 합을 구하시오.

풀이 5

정답 ① 110 ② 420 ③ $n \times (n+1)$

풀이 ① $2+4+6+8+10+12+14+16+18+20=22 \times 10 \div 2=10 \times 11=110$입니다.

② $2+4+6+\cdots+40=42 \times 20 \div 2=20 \times 21=420$입니다.

③ 2부터 시작하는 짝수 n개에서 n번째 짝수는 $2n$이므로 연속하는 짝수 n개의 합은 $2+4+6+\cdots+2n=n \times (n+1)$ 입니다.

다음과 같은 수 배열의 규칙을 찾아봅시다.

$$1, 1, 2, 4, 7, 13, 24, 44, 81, \cdots$$

① 위의 수 배열에서 앞에서부터 100번째에 오는 수는 홀수입니까, 짝수입니까?

② 위의 수 배열에서 앞에서부터 1000번째에 오는 수는 홀수입니까, 짝수입니까?

풀이 6

정답 ① 짝수 ② 짝수

풀이 ① 이 수열은 앞의 세 수를 합친 것이 다음 수가 되는 규칙
을 갖고 있습니다. 0+0+1=1, 0+1+1=2, 1+1+2=4,
1+2+4=7, …, (홀수)+ (홀수)+(짝수)=(짝수), (홀
수)+(짝수)+(짝수)=(홀수)의 성질에 따라 수의 배열이 이
루어졌으므로 위의 배열을 홀수, 짝수로 표시하면 홀, 홀,
짝, 짝, 홀, 홀, 짝, 짝, 홀, 홀, 짝, 짝, ……이 됩니다. 즉,
앞에서부터 4개씩 한 쌍으로 묶으면 (홀, 홀, 짝, 짝)이 계
속됩니다. 따라서 100을 4로 나누면 나머지가 0이 되므로
100번째 수는 짝수입니다.

② 1000을 4로 나누면 몫이 250이고 나머지가 0이므로
1000번째 수는 짝수입니다.

다음 그림과 같이 ② ④ ⑥ ⑧의 숫자 카드가 각각 4장씩 있습니다. 물음에 답해 보세요.

② ② ② ② ④ ④ ④ ④
⑥ ⑥ ⑥ ⑥ ⑧ ⑧ ⑧ ⑧

① 카드 4장을 골라 더한 합이 23이 되도록 할 수 있나요? 그 이유를 설명하시오.

② 카드 4장을 골라 더한 합이 24가 되도록 할 수 있나요? 그 이유를 설명하시오.

정답 ① 카드는 모두 짝수이고 짝수를 4개 더하면 역시 짝수가 되므로, 4장의 카드로 합이 23이 되게 할 수는 없습니다.

② 카드는 모두 짝수이고 짝수를 4개 더하면 역시 짝수가 되므로, 4장의 카드로 합이 24가 되게 할 수는 있습니다. 즉, 4+4+8+8, 4+6+6+8, 6+6+6+6, 2+6+8+8과 같이 하면 됩니다.

정사각수에서 100번째에 있는 정사각형의 점의 수는 모두 몇 개
인지 구하세요.

정답 10000

풀이 100번째 정사각형의 점의 수는 다음과 같이 2가지 방법으로 구할 수 있습니다.

① 1부터 차례대로 홀수 100개의 합을 구하면, 1+3+5+7+…+197+199=10000입니다.

② (자기 순서수)×(자기 순서수)의 방법으로 구하면, 100×100=10000입니다.

다음 점종이에 그림과 같이 가로 점의 개수를 하나씩 늘려가며 도형을 그리고, 도형 안의 점의 개수에는 어떤 규칙이 있는지 알아보세요. 또, 아래 표에 처음부터 순서대로 점의 개수를 쓰세요.

순서	첫 번째	두 번째	세 번째	네 번째	다섯 번째	여섯 번째
위 그림의 점의 개수						
아래 그림의 점의 개수						

풀이 9

정답 ① 2의 배수이며 짝수 ② 홀수

순서	첫 번째	두 번째	세 번째	네 번째	다섯 번째	여섯 번째
위 그림의 점의 개수	2	4	6	8	10	12
아래 그림의 점의 개수	1	3	5	7	9	11

둘째 삼각수 3과 셋째 삼각수 6을 더하여 오른쪽 칸에 배열하면 어떤 수가 되는지 설명하시오.

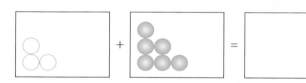

풀이 10

정답

풀이 둘째 삼각수 3과 셋째 삼각수 6을 더하면 셋째 정사각수 9가
됩니다. 즉, 연속하는 삼각수 두 개의 합은 큰 삼각수에 해당
되는 위치의 정사각수가 됩니다.

다음 파스칼의 삼각형에서, 각 행의 홀수 번째에 있는 수들의 합과 짝수 번째에 있는 수들의 합을 구하시오. 그리고 어떤 사실을 발견할 수 있는지 설명하시오.

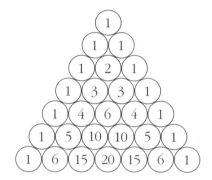

풀 이 11

정답 2행부터 알아보면 다음과 같습니다.

행	홀수 번째 항의 합	짝수 번째 항의 합
2	1	1
3	1+1=2	2
4	1+3=4	3+1=4
5	1+6+1=8	4+4=8
6	1+10+5=16	5+10+1=16
...	...	...

따라서 각 행에서 홀수 번째 항의 합과 짝수 번째 항의 합은
같습니다.

다음 그림은 파스칼의 삼각형을 직각삼각형 모양으로 변형시킨 것입니다.

1									
1	1								
1	2	1							
1	3	3	1						
1	4	6	4	1					
1	5	10	10	5	1				
1	6	15	20	15	6	1			
1	7	21	35	35	21	7	1		
1	8	28	56	70	56	28	8	1	
1	9	36	64	126	126	64	36	9	1
1	10	45	120	190	252	190	100	45	10	1

① 1부터 9까지의 합을 파스칼의 삼각형을 이용하여 구하시오.

② 세 번째 열에 있는 1+3+6+10+15+21+28+36의 합을 파스칼의 삼각형을 이용하여 구하시오.

풀이 12

정답 ① 45 ② 120

풀이 ① 직각삼각형 모양의 파스칼 삼각형에서 세로로 n칸까지
수의 합은 바로 밑 칸, 즉 $n+1$칸의 오른쪽 수와 같습니
다. 따라서 1+2+3+⋯+9=45입니다.

② 1+3+6+10+15+21+28+36은 36 바로 아래칸의 오른쪽
수와 같습니다. 따라서 120이 됩니다.

쥐 16마리를 그림과 같은 육각형 미로에 넣었습니다. 갈림길마다 쥐들은 정확히 절반씩 나뉘어 흩어진다고 합니다. 가, 나, 다, 라, 마 지점으로 각각 몇 마리가 지나가는지 구하시오.

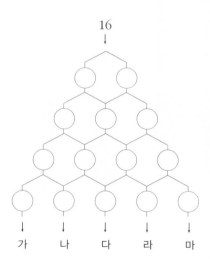

풀이 13

정답 가-1마리, 나-4마리, 다-6마리, 라-4마리, 마-1마리

풀이

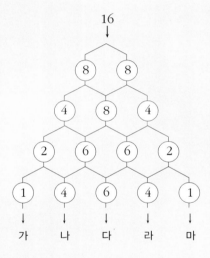

1, 4, 6, 4, 1의 쥐가 지나가게 되므로 처음 쥐의 마릿수와 똑같습니다.

다음의 그림처럼 영문자 N, U, M, B, E, R, S가 늘어서 있다고 합시다. 구슬 하나가 미끄러져 내려가며 NUMBERS라는 단어를 만드는 경우의 수를 구하시오.

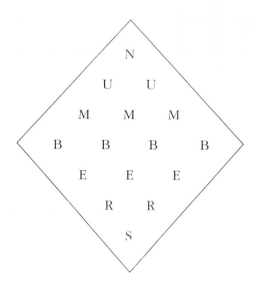

정답 20가지

풀이 파스칼 삼각형의 모양이 마름모 형태로 변했지만 해당되는 수는 다음과 같이 변함이 없습니다. 따라서 20가지의 수가 나옵니다.

$$
\begin{array}{ccccccc}
 & & & 1 & & & \\
 & & 1 & & 1 & & \\
 & 1 & & 2 & & 1 & \\
1 & & 3 & & 3 & & 1 \\
 & 4 & & 6 & & 4 & \\
 & & 10 & & 10 & & \\
 & & & 20 & & &
\end{array}
$$

다음 수들의 덧셈과 뺄셈을 해 보세요. 그리고 덧셈과 뺄셈을 할 때 분수와 소수 중 어느 수가 더 편리한지 설명하시오.

$$\frac{2}{9} + \frac{1}{12} = \boxed{} \qquad \frac{3}{8} + \frac{7}{18} = \boxed{}$$

$$\frac{7}{10} - \frac{3}{14} = \boxed{} \qquad \frac{5}{13} - \frac{7}{22} = \boxed{}$$

$$8.95 + 5.56 = \boxed{} \qquad 3.568 + 4.3 = \boxed{}$$

$$7.34 - 3.98 = \boxed{} \qquad 6.1 - 2.31 = \boxed{}$$

풀이 15

정답 $\dfrac{11}{36}$, $\dfrac{55}{72}$, $\dfrac{17}{35}$, $\dfrac{19}{286}$, 14.51, 7.868, 3.36, 3.79

풀이 $\dfrac{2}{9}+\dfrac{1}{12}=\boxed{\dfrac{11}{36}}$　　　$\dfrac{3}{8}+\dfrac{7}{18}=\boxed{\dfrac{55}{72}}$

$\dfrac{7}{10}-\dfrac{3}{14}=\boxed{\dfrac{17}{35}}$　　　$\dfrac{5}{13}-\dfrac{7}{22}=\boxed{\dfrac{19}{286}}$

$8.95+5.56=\boxed{14.51}$　　　$3.568+4.3=\boxed{7.868}$

$7.34-3.98=\boxed{3.36}$　　　$6.1-2.31=\boxed{3.79}$

분수의 덧셈과 뺄셈에서 분모가 다른 경우에는 통분을 해야 하므로 불편하지만, 소수의 경우에는 소수점의 위치만 맞추어 자연수처럼 더하고 빼면 되므로 분수보다 소수가 덧셈과 뺄셈을 하기에 더 편리합니다.

각각 0.6과 $\dfrac{2}{5}$ 만큼씩 튀는 공이 2개 있습니다. 이 두 공을 같은 높이에서 떨어뜨렸을 때, 세 번째에 튀어 오른 높이의 차가 19cm라면, 처음 공을 떨어뜨린 높이는 몇 m인지 구하시오.

정답 1.25m

풀이 처음 공을 떨어뜨린 높이를 ☐m라고 하면,

두 공의 높이의 차는 (☐×0.6×0.6×0.6)−(☐×$\frac{2}{5}$×$\frac{2}{5}$ ×$\frac{2}{5}$) = 0.19m입니다.

위의 식을 정리하면,

☐×(0.216−0.064)=0.19

☐=0.19÷0.152

☐=1.25m

22, 707, 2002처럼 앞으로 읽어도, 뒤로 읽어도 같은 숫자를 회문 숫자대칭수라고 합니다. 다섯 자리 수 중에서 20000보다 작은 회문 숫자는 모두 몇 개인지 구하시오.

정답 100개

풀이 다섯 자리 수 중에서 만의 자리가 1이면 일의 자리도 1이어
      야 하므로, 1☐☐☐1에서 ☐☐☐만 대칭수가 되면
      됩니다.
      따라서 ☐☐☐에는 000에서 999까지의 대칭수가 10×
      10=100개이므로 다섯 자리 회문 숫자는 100개입니다.

0부터 9까지의 숫자가 적힌 카드가 각각 두 장씩 있습니다. 이 카드를 사용해서 만들 수 있는 네 자리 회문 숫자는 모두 몇 개인지 구하시오.

풀이 18

정답 81개

풀이 답을 구하는 방법은 두 가지가 있습니다.

① 네 자리의 회문 숫자는 모두 90개인데, 카드가 각각 2장 씩만 있습니다. 따라서 1111, 2222, 3333, …, 9999 같은 대칭수는 안 되므로 90−9=81개입니다.

② 네 자리 대칭수 ○△△○에서 ○△에는 같은 숫자를 쓸 수 없고 ○에는 0이 올 수 없으므로, 구하는 네 자리의 회문 숫자는 9×9=81개입니다.

12월 21일을 회문 숫자 1221로 나타내려고 합니다. 1월 1일부터 12월 31일까지 날짜 중에서 네 자리 회문 숫자는 모두 몇 개인지 구하시오. 단, 천의 자리가 0으로 시작되는 수는 제외한다.

풀이 19

정답 3개

풀이 1월의 경우는 0110 → 1월 10일, 2월의 경우는 0220 → 2월 20일, 3월의 경우는 0330 → 3월 30일, 10월의 경우는 1001 → 10월 1일, 11월의 경우는 1111 → 11월 11일, 12월의 경우는 1221 → 12월 21일입니다.

그런데 0110과 0220, 0330은 천의 자리가 0이므로 회문 숫자로 나타낼 수 있는 날짜는 3개입니다.

0부터 9까지의 숫자 카드가 여러 장 있습니다. 이 숫자 카드를 사용하여 만드는 세 자리 수 중에서 앞뒤 또는 위아래 순서를 바꾸어 읽어도 같은 수가 되는 수는 모두 몇 개인지 구하시오.

풀이 20

정답 6개

풀이 카드의 위아래를 뒤집어 읽어도 같은 수가 되는 숫자는 0, 1, 8입니다. 0, 1, 8로 세 자리 회문 숫자를 만들 때, 0이 백의 자리에 올 수 없으므로 101, 111, 181, 808, 818, 888로 모두 6개입니다.

케이크 1개를 만드는 데 밀가루 22g과 설탕 4g이 필요하다고 합니다. 밀가루 410g, 설탕 65g이 있다면 케이크를 몇 개 만들 수 있는지 구하고, 어떤 어림 전략을 적용했는지 밝히시오.

풀이 21

정답 16개, 버림

풀이 밀가루 410g으로 케이크 18개를 만들면 14g이 남습니다. 설탕
으로는 케이크 16개를 만들고 1g이 남습니다. 따라서 버림을
적용하면 밀가루로는 케이크 18개, 설탕으로는 16개 만들 수
있으나 18개를 만들기에는 설탕이 부족하므로, 결과적으로
케이크 16개를 만들 수 있습니다.

어떤 학교의 학생 1000명이 투표하여 학생 회장을 뽑았습니다. 당선된 학생 회장의 득표율이 반올림하여 55%라고 하면, 이 학생 회장이 얻은 최대 득표수와 최소 득표수를 다음 수직선을 이용하여 각각 구하시오.

54%   55%   56%

풀이 22

정답 최대 554명, 최소 545명

풀이 반올림하여 나타난 숫자가 55이므로 소수 첫째 자리에서 반
올림한 것입니다. 따라서 학생회장이 얻은 득표율을 ☐라
하면 54.5%≦☐<55.5%입니다.

이것을 수직선에 나타내면,

$$1000 \times \frac{54.5}{100} = 545명 \qquad 1000 \times \frac{55.5}{100} = 555명$$

따라서 득표수가 가장 적을 때는 545명이고, 많을 때는 554
명입니다.

1000원을 가지고 물건을 사러 갔습니다. 공책 445원, 연필 280원, 지우개는 165원이었습니다. 1000원으로 세 가지를 모두 살 수 있습니까?

이때 어떤 어림 전략을 사용하는 것이 좋은지 생각해 보고, 이 전략이 가장 좋은 이유를 설명하시오.

풀이 23

정답 각각의 물건 값을 모두 올림하여 공책 500원, 연필 300원, 지우개 200원으로 생각하면 500+300+200=1000입니다.

따라서 1000원으로 세 가지 물건을 모두 살 수 있습니다.

이러한 올림 전략은 3개의 가격 모두를 실제보다 높게 잡음으로 인해 '항상 충분하다'는 안심을 주는 장점이 있습니다.

또한 일의 자리, 십의 자리 숫자를 생각하지 않아도 되므로 암산으로 계산하기도 쉽습니다.

어떤 자연수를 버림하여 백의 자리까지 나타내어도, 십의 자리에서 반올림하여도 3000이 된다고 합니다. 조건을 만족하는 수 중에서 가장 큰 수와 가장 작은 수의 합을 구하시오.

A.

정답 6049

풀이 • 버림하여 백의 자리까지 나타내어 3000이 되는 수를 □ 라 하면,

$3000 \leqq □ < 3100$

• 십의 자리에서 반올림하여 3000이 되는 수는

$2950 \leqq □ < 3050$

위의 두 조건을 모두 만족시키는 수는 3000보다 크거나 같고 3050보다 작은 수입니다. 조건을 만족하는 수에서 가장 큰 자연수는 3049이고, 가장 작은 자연수는 3000이므로 두 자연수의 합은 3049+3000=6049입니다.

다음은 연속하는 두 자리 수 3개의 덧셈을 나타낸 것입니다. 이 세 수의 십의 자리의 합이 14일 때, 다음 빈칸에 알맞은 숫자를 채우시오.

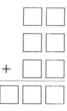

풀이 25

정답
```
    4 9
    5 0
 +  5 1
  1 5 0
```

풀이   십의 자리 숫자의 합이 14이므로 14÷3=4…2에서 십의 자리
　　　는 4, 5, 5임을 알 수 있습니다. 또한 세 수가 연속수이므로
　　　49, 50, 51이 됩니다.

연속하는 자연수 15개가 있습니다. 그중에서 짝수의 합과 홀수의 합의 차가 20이라고 합니다. 자연수 15개의 합은 얼마인지 구하시오.

풀이 26

정답 300

풀이 연속하는 수 1, 2, 3, 4, 5에서 짝수의 합은 2+4=6이고, 홀
수의 합은 1+3+5=9이며, 홀수의 합에서 짝수의 합을 빼면
3인데, 이 수는 중간 수가 됩니다.

15개의 연속수에서 중간 수가 20이므로 20을 중심으로 좌우
로 7개의 숫자가 놓여 있게 됩니다.

13, 14, 15, 16, 17, 18, 19, 20, 21, 22, 23, 24, 25, 26, 27

따라서 20을 중간 수로 하는 연속하는 자연수 15개의 합은

13+14+15+16+…+25+26+27=300입니다.

어느 한 주 일요일부터 토요일까지의 날짜를 모두 더하였더니 175가 되었습니다. 그 주의 토요일은 며칠인지 구하시오.

일	월	화	수	목	금	토

풀이 27

정답

일	월	화	수	목	금	토
22	23	24	25	26	27	28

풀이 한 주는 7일이므로 175÷7=25입니다. 따라서 25가 중간 수가 되고 25일은 수요일이 됩니다. 따라서 그 주의 토요일은 28일입니다.

다음과 같은 수들이 나열되어 있습니다.

$$1, 4, 7, 10, 13, 16, \cdots$$

위의 수 중에서 연속하는 다섯 수의 합이 305일 때, 이 연속하는 다섯 수 중에서 가장 작은 수와 가장 큰 수의 합이 얼마인지 구하시오.

풀이 28

정답 122

풀이 다음의 수열은 1부터 3씩 커지는 수로 나열되어 있습니다.

1, 4, 7, 10, 13, 16, …

따라서 305÷5=61이 중간 수이므로, 61을 중간 수로 하는
다섯 개의 수를 나열해 보면 다음과 같습니다.

55, 58, 61, 64, 67

따라서 55+67=122입니다.

다음 조건에 알맞은 수를 구하시오.

- 세 자리 수이다.
- 일의 자리 숫자와 십의 자리 숫자는 모두 짝수이다.
- 각 자리의 숫자는 모두 3의 배수가 아니다.
- 백의 자리 숫자는 십의 자리 숫자보다 3만큼 크다.
- 17의 배수이다.

풀이 29

정답 748

풀이 세 자리 수를 ㉠㉡㉢이라고 합시다. ㉡과 ㉢은 짝수이고, ㉠
은 ㉡보다 3만큼 크므로 ㉠은 항상 홀수입니다.

만족하는 (㉠, ㉡)을 찾으면 (5, 2), (7, 4), (9, 6)인데 각 자리
숫자는 3의 배수가 아니어야 하므로 (9, 6)은 제외합니다.

㉠㉡㉢은 17의 배수이므로 (㉠, ㉡)을 이용하여 만족하는 수
를 찾으면 527과 748이 됩니다. 그런데 527은 일의 자리 숫
자가 짝수가 아니므로 알맞은 세 자리 수는 748입니다.

다음 조건에 알맞은 수는 몇 가지인지 구하시오.

- 네 자리의 자연수이다.
- 천의 자리 숫자는 일의 자리 숫자보다 2가 작다.
- 백의 자리 숫자는 천의 자리 숫자보다 3이 크다.
- 백의 자리 숫자는 십의 자리 숫자보다 1이 작다.

풀이 30

정답 5가지

풀이 문제에 나온 조건을 수직선상에 나타내 보면 각 자리의 숫
자는 다음과 같습니다.

천의 자리가 1일 경우 : 1453

천의 자리가 2일 경우 : 2564

천의 자리가 3일 경우 : 3675

천의 자리가 4일 경우 : 4786

천의 자리가 5일 경우 : 5897

모두 5가지입니다.

2007년 7월 15일을 070715라고 나타냅니다. 이와 같은 방법으로 1989년의 날을 표시해 보면, 모두 다른 숫자가 쓰이는 경우가 있습니다. 이런 경우는 모두 몇 가지인지 구하시오.

A.

풀 이 31

정답 70가지

풀이 89년에는 8과 9, 11월은 1이 2번 쓰였으므로 8월과 9월, 11월을 제외한 달에 관한 경우로 나누어 생각해 봅니다.

8901□□ : 23, 24, 25, 26, 27 → 5가지
8902□□ : 13, 14, 15, 16, 17 → 5가지
8903□□ : 12, 14, 15, 16, 17, 21, 24, 25, 26, 27
        → 10가지
8904□□ : 12, 13, 15, 16, 17, 21, 23, 25, 26, 27
        → 10가지
8905□□ : 12, 13, 14, 16, 17, 21, 23, 24, 26, 27, 31
        → 11가지
8906□□ : 12, 13, 14, 15, 17, 21, 23, 24, 25, 27
        → 10가지
8907□□ : 12, 13, 14, 15, 16, 21, 23, 24, 25, 26 , 31
        → 11가지
8910□□ : 23, 24, 25, 26, 27 → 5가지
8912□□ : 03, 04, 05, 06, 07, 30 → 6가지

따라서 (5×3)+(10×3)+(11×2)+6=73가지가 있습니다.

세 자리 수 중에서 3이 적어도 한 번 이상 쓰인 수는 몇 개인지 구하시오.

A.

정답 252개

풀이 세 자리 숫자 중 3이 들어간 숫자는 백의 자리에 3이 있는 경우, 십의 자리
에 3이 있는 경우, 일의 자리에 3이 있는 경우 3가지로 분류할 수 있다.

① 백의 자리에 3이 있는 경우는 3□□이므로, 300~399까지 100개
입니다.

② 십의 자리에 3이 있는 경우는 □3□이므로, 130~939까지 90개
입니다.

③ 일의 자리에 3이 있는 경우는 □□3이므로, 103~993까지 90개
입니다.

④ 33□인 경우 330~339까지 10개는 ①, ②에서 모두 세어지므로 한
번씩 빼줘야 합니다.

⑤ 3□3인 경우 303~393까지 10개는 ①, ③에서 모두 세어지므로 한
번씩 빼줘야 합니다.

⑥ □33인 경우 133~933까지 9개는 ②, ③에서 모두 세어지므로 한
번씩 빼줘야 합니다.

333은 ①, ②, ③에서 각각 한 번씩 세어지고 ④, ⑤, ⑥에서 각각
한 번씩 빠지므로 다시 더해주어야 합니다.

그러므로 세 자리 숫자 중 3이 들어간 숫자의 개수는

(100+90+90)−(10+10+9)+1=252개입니다.

전체 쪽수가 500쪽인 책이 있습니다. 이 책의 쪽수를 써 넣는 데 쓰인 숫자 중에서 3을 제외한 나머지 숫자의 개수를 구하시오.

A.

풀이 33

정답 1192개

풀이 1에서 500까지의 모든 숫자의 개수는

1부터 9까지 9개

10부터 99까지 90×2=180개

100부터 500까지 401×3=1203개

즉 9+180+1203=1392개이다.

숫자 3을 사용한 개수는

일의 자리가 3일 때가 3, 13, 23, …, 493 모두 50개

십의 자리가 3일 때가 30, 31, 32, …, 39

130, 131, 132, …, 139

…

430, 431, 432, …, 439 모두 50개

백의 자리가 3일 때가 300~399 모두 100개

이므로 1392-(50+50+100)=1192개이다.

다음은 1부터 시작하여 자연수를 차례로 이어 붙인 수입니다. 이 수가 540자리 수일 때 마지막 세 자리 수 ☐☐☐는 얼마인지 구하시오.

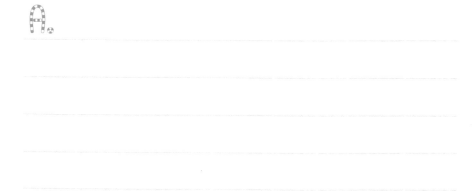

$$123456789101112 13 \cdots \boxed{}\boxed{}\boxed{}$$

A.

풀이 34

정답 216

풀이 1부터 9까지 9개, 10부터 99까지 90×2=180개이므로 540−180−
9=351, 351÷3=117이므로 세 자리 수가 117개 쓰인 것입니다.
99+117=216이므로 마지막 수는 216입니다.

㉮는 자연수를 1부터 순서대로 나열한 것입니다. ㉮에서 쉼표를 모두 지우고 ㉯를 썼습니다. ㉯에서, 앞에서부터 1502번째 숫자가 들어 있는 수는 ㉮에서 어떤 수인지 구하시오.

㉮ : 1, 2, 3, 4, 5, 6, 7, 8, 9, 10, 11, 12, 13, …

㉯ : 12345678910111213…

정답 537번째 수

풀이 1부터 9까지 9개, 10부터 99까지 90×2=180개

1502−189=1313, 1313÷3=437…2

따라서 1502번째 숫자는 세 자리 수가 437개 쓰인 다음 수에

포함되어 있습니다.

99+437=536 따라서 ㉮에서는 537번째 수입니다.

영진이의 동생이 숫자 쓰기 연습을 하고 있습니다. 1부터 시작하여 차례로 자연수를 적어 가는데, 숫자 한 개당 3초가 걸리고 다시 한 개를 쓰기까지 4초간 쉬었다가 3초 동안 숫자 하나를 다시 씁니다. 영진이의 동생이 마지막 숫자까지 쓰는 데 총 45분 5초가 걸렸다면, 1부터 몇까지 쓴 것인지 구하시오.

정답 165

풀이 45분 5초=45×60+5=2705초입니다.

마지막 숫자를 쓰고 나서 4초를 쉬었다면 총 2709초가 걸린
셈입니다.

숫자 한 개를 쓰고 쉬었다가 다시 쓸 때까지 7초가 걸리므로

2709÷7=387개의 숫자를 쓴 것입니다.

1부터 9까지 9개, 10부터 99까지 90×2=180개

387-189=198

3자리 수에 쓰인 숫자가 198개이므로

198÷3=66

즉 3자리 수는 66개 썼습니다.

따라서 영진이의 동생은 1부터 165까지 썼습니다.

고급
문제&풀이

그리스의 수학자 니코마코스Nikomachos는 기원전 1세기에 저술한 책 《산학의 연구》에서 완전수로 알려진 네 개의 수를 나열하였습니다.

- 첫째 완전수 : 6
- 둘째 완전수 : 28
- 셋째 완전수 : 496
- 넷째 완전수 : 8128

위의 네 가지 완전수를 보고, 다섯째 완전수부터 나타날 규칙을 추측해 보세요.

풀이 1

정답 ① 첫째 완전수는 한 자리 수, 둘째 완전수는 두 자리 수, 셋째 완전수는 세 자리 수, 넷째 완전수는 네 자리 수이므로 다섯 째 완전수는 다섯 자리 수일 것입니다.

② 완전수들의 일의 자리가 6과 8로 번갈아 끝나므로 다섯 번째 완전수의 일의 자리는 6일 것입니다.

완전수는 연속하는 홀수의 세제곱의 합으로도 나타낼 수 있습니다. 다음은 완전수 28과 496을 연속적인 홀수의 세제곱의 합으로 나타낸 것입니다. 그렇다면 그 다음 완전수인 8128도 이와 같은 형태로 나타낼 수 있는지 알아보시오.

$$28=1^3+3^3$$
$$496=1^3+3^3+5^3+7^3$$

정답 $8128 = 1^3 + 3^3 + 5^3 + 7^3 + 9^3 + 11^3 + 13^3 + 15^3$

$= 1 + 27 + 125 + 343 + 729 + 1331 + 2197 + 3375$

$= 8128$ 이므로 8128도 연속하는 홀수의 세제곱의 합의 형태

로 나타낼 수 있습니다.

만약 n이 완전수라면 n의 모든 약수의 역수의 합은 2입니다. 보기를 들면 다음과 같습니다.

- 6의 약수 : 1, 2, 3, 6
- 약수들의 역수의 합 : $1 + \dfrac{1}{2} + \dfrac{1}{3} + \dfrac{1}{6} = 2$

위와 같은 사실이 완전수 28에도 적용되는지 알아보시오.

풀 이 3

정답 두 번째 완전수 28의 약수는 1, 2, 4, 7, 14, 28이므로 약수들의 역수의 합은

$$1+\frac{1}{2}+\frac{1}{4}+\frac{1}{7}+\frac{1}{14}+\frac{1}{28}$$

$$=1+\frac{14}{28}+\frac{7}{28}+\frac{4}{28}+\frac{2}{28}+\frac{1}{28}$$

$$=1+\frac{1+2+4+7+14}{28}$$

$$=1+\frac{28}{28}$$

$$=2$$

따라서 두 번째 완전수 28에도 이 공식이 적용됨을 알 수 있습니다.

연속한 세 홀수나 짝수의 합이 홀수인지, 짝수인지를 알아보고
그 이유를 설명하시오.

풀이 4

정답 • 연속한 세 홀수의 합은 홀수입니다.

왜냐하면 두 홀수의 합은 짝수가 되고, 여기에 다시 홀수를 더하면 홀수가 되기 때문입니다. 예를 들어 3+5+7=15로 홀수입니다.

• 연속한 세 짝수의 합은 짝수입니다.

왜냐하면 두 짝수의 합은 짝수가 되고, 여기에 다시 짝수를 더하면 짝수가 되기 때문입니다. 예를 들어 4+6+8=18로 짝수입니다.

다음 그림처럼 입구가 아래로 향한 7개의 컵이 있습니다. 매번 5개씩 뒤집어 모든 컵의 입구를 위로 향하게 할 수 있는지 알아보고, 최소한으로 뒤집는 횟수를 구하시오.

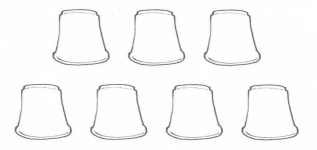

정답 7개의 컵에 1번부터 7번까지의 번호를 붙여 봅시다. 컵이 위로 향했을 때를 H, 아래로 향했을 때를 T라고 하면 다음과 같이 뒤집을 수 있습니다.

5개씩 7번 뒤집으면 뒤집는 횟수의 총합이 5×7=35회가 되어 7개의 컵이 각각 5번씩 뒤집어지도록 할 수 있습니다.

```
  1     2     3     4     5     6     7
  T     T     T     T     T     T     T
 (H     H     H     H     H)    T     T   ←1번
  H     H    (T     T     T     H     H)  ←2번
 (T     T     H)    T     T    (T     T)  ←3번
  T    (H     H     T     T     T     T)  ←4번
 (H     T     T     T     T)    H     H   ←5번
 (T     T     T)    T     T    (T     T)  ←6번
 (H     H     H    (H     H     H     H)  ←7번
```

따라서 매번 5개씩 7회를 뒤집었을 때, 아래로 향해 있던 컵이 모두 위를 향하게 됩니다.

다음 그림처럼 한쪽 끝점은 흰색이고 다른 끝점은 검은색인 선분이 있습니다. 이 선분 위에 100개의 점을 찍고 각 점마다 흰색과 검은색 중 한 가지 색을 마음대로 칠하였습니다. 이때 만들어진 101개의 선분 중 양 끝점의 색이 다른 선분을 '색다른 선분'이라고 할 때 '색다른 선분'이 홀수 개인지 짝수 개인지 구하시오. 그리고 그 이유를 설명하시오.

풀이 6

정답 처음의 선분은 색다른 선분입니다. 색다른 선분 위에 흰색 점을 찍어 보면 다음과 같습니다.

이처럼 색다른 선분의 개수에는 변함이 없습니다.
또 색다른 선분 위에 검은색 점을 찍어 보면 다음과 같습니다.

이처럼 색다른 선분의 개수는 변함이 없습니다. 따라서 색다른 선분의 개수는 홀수 개입니다.

우리 반 친구들은 체육 시간에 아무렇게나 짝을 지어 팔씨름을 하였습니다. 횟수에 상관없이 팔씨름을 하였고, 팔씨름이 모두 끝난 후에 각자 팔씨름을 한 횟수를 말하였습니다. 홀수 번 팔씨름을 한 학생이 몇 명인가 세어 보니 짝수 명이었습니다. 홀수 번 팔씨름을 한 학생이 항상 짝수 명인 이유를 설명하시오.

정답 서로 짝을 이루는 성질_{대우 성질}을 이용하는 문제로, 이러한
문제의 총합은 언제나 짝수입니다.

짝수 번 팔씨름 한 학생은 짝수에 어떤 수를 곱해도 짝수이
므로 몇 명이든 상관없지만 홀수 번 팔씨름한 학생은 (홀수)
×(짝수)=(짝수)이므로 반드시 짝수 명이어야 합니다.

다음 그림과 같이 가로와 세로의 점의 수를 하나씩 늘려가며 직사각형을 그릴 때 직사각형 안에 있는 점의 개수에는 어떤 규칙이 있는지 알아보고, 다음 표를 완성하시오.

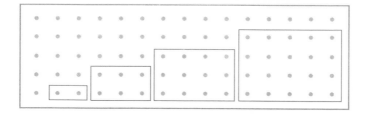

순서대로 점의 개수를 써 넣어 보시오.

순서	첫째	둘째	셋째	넷째	다섯째	여섯째
점의 개수						

풀이 8

정답

순서	첫째	둘째	셋째	넷째	다섯째	여섯째
점의 수	2	6	12	20	30	42

풀이 위의 직사각형에는 다음과 같은 규칙이 있습니다.

처음 수 → 2

둘째 수는 처음 수에 4를 더한 수 → 2+4=6

셋째 수는 둘째 수에 6을 더한 수

→ 6+6=12, 2+4+6=12

넷째 수는 셋째 수에 8을 더한 수

→ 12+8=20, 2+4+6+8=20

다섯째 수는 넷째 수에 10을 더한 수

→ 20+10=30, 2+4+6+8+10=30

즉 짝수 순서대로 차례차례 더해집니다.

정사각수와 직사각수를 합하면 어떤 수가 될까요?

① 두 번째 위치의 정사각수와 직사각수를 더하면 몇 번째 위치
의 삼각수가 되는지 설명하시오.

$$\begin{matrix} \bullet & \bullet \\ \bullet & \bullet \end{matrix} \quad + \quad \begin{matrix} \bullet & \bullet & \bullet \\ \bullet & \bullet & \bullet \end{matrix}$$

② 세 번째 위치의 정사각수와 직사각수를 더하면 몇 번째 위치
의 삼각수가 되는지 설명하시오.

$$\begin{matrix} \bullet & \bullet & \bullet \\ \bullet & \bullet & \bullet \\ \bullet & \bullet & \bullet \end{matrix} \quad + \quad \begin{matrix} \bullet & \bullet & \bullet & \bullet \\ \bullet & \bullet & \bullet & \bullet \\ \bullet & \bullet & \bullet & \bullet \end{matrix}$$

풀이 9

정답 ① 두 번째 위치에 있는 정사각수 4와 직사각수 6을 더하면
10이 됩니다. 이 수는 네 번째 삼각수가 됩니다.

② 세 번째 정사각수 9와 직사각수 12를 더하면 21이 됩니
다. 21은 여섯 번째에 있는 삼각수가 됩니다. 즉 같은 번
째끼리의 정사각수와 직사각수의 합은 그 위치에서 두 배
만큼 떨어진 곳의 삼각수입니다.

다음 점종이에 그려진 육각형 모양에서 여섯 번째 육각수에는 몇 개의 점이 있는지 구하고 표를 완성하시오.

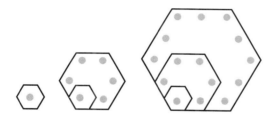

순서	첫째	둘째	셋째	넷째	다섯째	여섯째
점의 개수	1	6	15			

풀이 10

정답 66개

순서	첫째	둘째	셋째	넷째	다섯째	여섯째
점의 수	1	6	15	28	45	66

5   9   13   17   21

풀이 5, 9, 13, 17, 21로 4개씩 커지고 있으므로 여섯 번째 육각수
의 점의 개수는 66개입니다.

다음 표는 점종이에서 알아본 삼각수, 사각수, 오각수, 육각수 등을 정리한 것입니다. 다음 표를 보고 그들 사이의 관계를 알아본 뒤, ☐ 안에 적당한 말을 써 넣으시오.

순서	첫째	둘째	셋째	넷째	다섯째	여섯째
삼각수	1	3	6	10	15	21
정사각수	1	4	9	16	25	36
직사각수	2	6	12	20	30	42
오각수	1	5	12	22	35	51
육각수	1	6	15	28	45	66

① 육각수에서 정사각수를 빼면 ☐☐☐☐ 가 된다.

② 오각수에서 정사각수를 빼면 ☐☐☐☐ 가 된다.

③ 육각수에서 오각수를 빼면 ☐☐☐☐ 가 된다.

④ $n-1$번째 삼각수의 2배에 n번째 삼각수를 더하면 n번째 ☐☐☐☐ 가 된다.

풀이 11

정답 ① 직사각수 ② 삼각수 ③ 삼각수 ④ 오각수

파스칼의 삼각형을 활용하여 규칙을 찾아보시오.

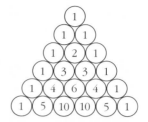

다음과 같이 점으로 선분을 만들어 나갈 때, 선분의 개수로 위의 파스칼의 삼각형에서 어떤 규칙을 찾을 수 있는지 알아봅시다.

① 점 2개로 만들 수 있는 서로 다른 선분은 모두 몇 개일까요?

② 점 3개로 만들 수 있는 서로 다른 선분은 모두 몇 개일까요?

③ 점 4개로 만들 수 있는 서로 다른 선분은 모두 몇 개일까요?

④ 점 5개와 점 6개로 만들 수 있는 서로 다른 선분의 개수를 각각 구하고, 파스칼의 삼각형에서 규칙을 찾아보시오.

정답 ① 1개 : ㄱㄴ

② 3개 : ㄱㄴ, ㄱㄷ, ㄷㄴ

③ 6개 : ㄱㄷ, ㄱㄹ, ㄱㄴ, ㄷㄹ, ㄷㄴ, ㄹㄴ

④ 점 5개 : 10개의 선분

점 6개 : 15개의 선분

파스칼의 삼각형 위에서 세 번째 줄의 1에서 시작해 아랫
줄의 오른쪽 또는 왼쪽으로 이어지는 대각선의 수 1, 3,
6, 10, 15, 21, …과 같습니다.

다음 그림은 파스칼의 삼각형을 변형한 것입니다. 그림에서 화살표 방향으로 숫자들을 모두 더했을 때 나오는 수에는 어떤 규칙이 있는지 알아보시오. 또 화살표 A의 숫자들의 합을 구하시오.

1										
1	1									
1	2	1								
1	3	3	1							
1	4	6	4	1						
1	5	10	10	5	1					
1	6	15	20	15	6	1				
1	7	21	35	35	21	7	1			
1	8	28	56	70	56	28	8	1		
1	9	36	64	126	126	64	36	9	1	
1	10	45	100	190	252	190	100	45	10	1

A

정답 ① 화살표 방향으로 더한 수들은 차례로 1, 1, 2, 3, 5, 8, 13, 21, 34, 55, 89, …입니다.

이 수열은 피보나치수열로서 이 수열의 규칙은 처음 두 항은 모두 1이고, 세 번째 항부터는 바로 앞의 두 항의 합들로 이루어져 있다는 것입니다.

② 피보나치수열에서 화살표 A는 15번째 항이므로 13번째 항과 14번째 항의 합을 구하면 됩니다. 233+377=610입니다.

다음 그림은 파스칼의 삼각형을 변형한 것입니다. 왼쪽의 그림을 잘 보고, 오른쪽 그림을 완성해 보시오. 그런 다음 규칙을 설명해 보시오.

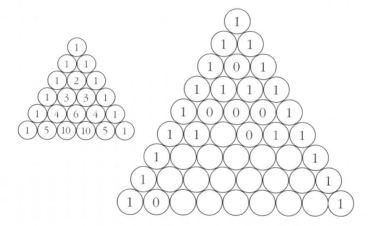

정답

풀이 삼각형을 완성해 보면, 바로 윗줄의 두 수가 같으면 0이 되고,
윗줄의 두 수가 다르면 1이 된다는 규칙을 알 수 있습니다.

다음 수들은 일정한 규칙에 따라 배열되었습니다. 1000번째 행의
왼쪽에서 세 번째 수는 얼마인지 구하세요.

첫 번째 행   ⟶   1

두 번째 행   ⟶   1   1

세 번째 행   ⟶   1   2   1

네 번째 행   ⟶   1   3   3   1

다섯 번째 행   ⟶   1   4   6   4   1

⋮   ⋮

풀이 15

정답 498501

풀이 파스칼의 삼각형 3번째 행부터 왼쪽에서 세 번째 수는 1, 3,
6, 10, 15, 21, 28, …로 나타납니다.

3행 왼쪽부터 3번째 수 : 1

4행 왼쪽부터 3번째 수 : 3=1+2

5행 왼쪽부터 3번째 수 : 6=1+2+3

6행 왼쪽부터 3번째 수 : 10=1+2+3+4

⋮

1000행 왼쪽부터 3번째 수 : 1+2+3+…+998

$$=\frac{(1+998)\times998}{2}=498501$$

쥐 32마리를 그림과 같은 육각형 미로에 넣었습니다. 갈림길마다 쥐들은 정확히 절반씩 나뉘어서 흩어진다고 합니다. 가, 나, 다, 라, 마, 바 지점으로 각각 몇 마리가 지나가게 되는지 ◯ 안에 알맞은 수를 써 보시오.

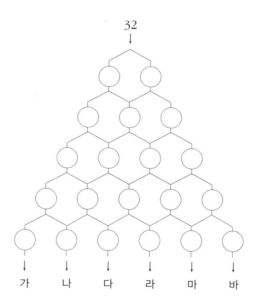

풀이 16

정답

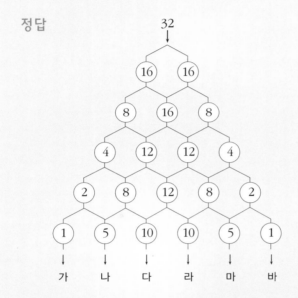

32

16 16

8 16 8

4 12 12 4

2 8 12 8 2

1 5 10 10 5 1

가 나 다 라 마 바

풀이 가에는 1마리, 나에는 5마리, 다에는 10마리, 라에는 10마리, 마에는 5마리, 바에는 1마리의 쥐가 지나가게 됩니다. 즉 1, 5, 10, 10, 5, 1마리의 쥐가 지나가게 되는데 이것의 합은 처음 출발한 쥐 32마리와 같습니다.

영문자 M, A, T, H, E, M, A, T, I, C, S가 다음과 같은 모양으로 늘어서 있습니다. 하나의 구슬이 위에서 미끄러져 내려가며 MATHEMATICS라는 단어를 만드는 경우의 수를 구하세요.

```
          M
        A   A
      T   T   T
    H   H   H   H
  E   E   E   E   E
M   M   M   M   M   M
  A   A   A   A   A
    T   T   T   T
      I   I   I
        C   C
          S
```

정답 252가지

$$
\begin{array}{ccccccccccc}
 & & & & & 1 & & & & & \\
 & & & & 1 & & 1 & & & & \\
 & & & 1 & & 2 & & 1 & & & \\
 & & 1 & & 3 & & 3 & & 1 & & \\
 & 1 & & 4 & & 6 & & 4 & & 1 & \\
1 & & 5 & & 10 & & 10 & & 5 & & 1 \\
 & 6 & & 15 & & 20 & & 15 & & 6 & \\
 & & 21 & & 35 & & 35 & & 21 & & \\
 & & & 56 & & 70 & & 56 & & & \\
 & & & & 126 & & 126 & & & & \\
 & & & & & 252 & & & & & \\
\end{array}
$$

풀이 파스칼의 삼각형과 같은 결과가 나오므로 252가지가 됩니다.

다음 그림과 같이 정사각형 모양의 종이 ㉮와 ㉯가 겹쳐져 있습니다. 겹쳐진 부분의 넓이는 ㉮ 넓이의 $\frac{2}{7}$, ㉯ 넓이의 0.25이고, 굵은 선으로 둘러싸인 전체의 넓이는 67.6cm²입니다. 정사각형 ㉮의 넓이를 구하시오.

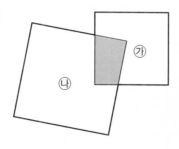

풀이 18

정답 36.4cm^2

풀이 ㉮와 ㉯의 겹쳐진 부분의 넓이를 $\square\text{cm}^2$라고 하면,

㉮와 ㉯의 넓이는 각각 ㉮$=(\square\times\dfrac{7}{2})\text{cm}^2$, ㉯$=(\square\times\dfrac{4}{1})\text{cm}^2$

입니다.

$(\square\times\dfrac{7}{2})+(\square\times4)-\square=67.6$

$\square\times(\dfrac{7}{2}+4-1)=67.6$

$\square\times\dfrac{13}{2}=67.6$

$\square=10.4$

따라서 정사각형 ㉮의 넓이는 $10.4\times\dfrac{7}{2}=36.4\text{cm}^2$입니다.

0부터 9까지의 숫자 카드가 여러 장 있습니다. 이 숫자 카드를 사용하여 만드는 네 자리 수 중에서 순서의 앞뒤나 카드의 위아래를 뒤집어 읽어도 같은 수가 되는 경우는 모두 몇 개인지 구하시오.

풀이 19

정답 6가지

풀이 카드의 위아래를 뒤집어 읽어도 같은 수가 되는 숫자는 0, 1,
8이므로 0, 1, 8로 네 자리 회문 숫자를 만들면 1001, 1111,
1881, 8008, 8118, 8888로 6가지입니다.

88, 787과 같이 앞으로 읽어도 뒤로 읽어도 같은 수를 회문 숫자라고 합니다. 77부터 770까지의 자연수 중에서 회문 숫자가 모두 몇 개인지 구하시오.

정답 70개

풀이 • 두 자리 수 중에서 회문 숫자는 77, 88, 99로 3가지입니다.

• 세 자리 회문 숫자를 'ㄱ☐ㄱ'이라 하면 ㄱ에 1부터 6까지의 숫자가 놓일 때 ☐ 안에는 0부터 9까지의 숫자가 놓일 수 있으므로 6×10=60가지입니다.

• ㄱ에 7이 놓일 때 ☐ 안에는 0부터 6까지의 숫자가 놓일 수 있으므로 7가지입니다.

따라서 3+60+7=70가지입니다.

세 자리 자연수 중에서 일의 자리에서 반올림하여 300이 되는 수는 모두 몇 개인지 구하시오.

정답 10개

풀이 일의 자리에서 반올림하여 300이 되는 수는 295보다 크거나 같고 305보다 작은 수입니다.

이 수들 중 가장 큰 수는 304이고, 가장 작은 수는 295입니다. 따라서 295부터 304까지의 자연수는 304−295+1=10개입니다.

0, 2, 4, 6, 8의 숫자를 모두 한 번씩 사용하여 만든 다섯 자리 수 중에서 천의 자리에서 반올림하여 60000이 되는 수는 모두 몇 개인지 구하시오.

정답 18개

풀이 천의 자리에서 반올림하여 60000이 되는 수는 55000보다 크거나 같고 65000보다 작은 수입니다.

주어진 숫자 중 5가 없으므로 만의 자리에 올 수 있는 숫자는 6입니다.

천의 자리에 올 수 있는 숫자는 0, 2, 4입니다. 남은 세 개의 숫자로 만들 수 있는 세 자리 수는 6개이므로

$$6 \begin{cases} 0 - (2, 4, 8) \ \ 6개 \\ 2 - (0, 4, 8) \ \ 6개 \\ 4 - (0, 2, 8) \ \ 6개 \end{cases}$$

따라서 구하는 수는 모두 3×6=18개입니다.

가로와 세로의 길이가 각각 13cm, 20cm인 직사각형이 있습니다. 이 길이는 소수 첫째 자리에서 반올림한 수라고 합니다. 이 직사각형의 넓이는 최소 몇 cm²가 되는지 구하시오.

정답 243.75cm^2

풀이 가로, 세로의 최소값을 각각 구하여 넓이를 구하면 그것이
넓이의 최소값이 됩니다. 소수 첫째 자리에서 반올림한 수이
므로 가로 길이는 최소 12.5cm이고, 세로 길이는 최소
19.5cm입니다.

따라서 구하는 직사각형의 넓이는 12.5×19.5=243.75cm^{2}입
니다.

어떤 자연수를 12로 나눈 몫을 소수 첫째 자리에서 반올림하면 16이 되고, 7로 나눈 몫을 소수 첫째 자리에서 반올림하면 28이 됩니다. 또, 4로 나눈 몫을 소수 첫째 자리에서 반올림하면 49가 됩니다. 어떤 자연수는 무엇인지 구하시오.

A.

정답 194, 195, 196, 197

풀이 • 12로 나눈 몫을 소수 첫째 자리에서 반올림하여 16이 되는 수

⇒ 15.5×12=186보다 크거나 같고 16.5×12=198보다 작은 수입니다.

• 7로 나눈 몫을 소수 첫째 자리에서 반올림하여 28이 되는 수

⇒ 27.5×7=192.5보다 크거나 같고 28.5×7=199.5보다 작은 수입니다.

• 4로 나눈 몫을 소수 첫째 자리에서 반올림하여 49가 되는 수

⇒ 48.5×4=194보다 크거나 같고 49.5×4=198보다 작은 수입니다.

위의 세 조건을 모두 만족하는 자연수는 194, 195, 196, 197입니다.

3개의 연속하는 두 자리 수가 있습니다. 이 세 수의 합의 일의 자리 숫자가 0이 되는 것 중 합이 가장 클 때의 값과 가장 작을 때의 값의 차를 구하시오.

정답 210

풀이 세 연속수의 합의 일의 자리 수가 0이 되는 것은 연속수의 일
의 자리 수가 9, 0, 1일 때입니다.

그런데 연속하는 두 자리 수 중에서 가장 작은 경우는 19,
20, 21이고 가장 큰 경우는 89, 90, 91이므로 (89+90+91)−
(19+20+21)=210입니다.

1부터 연속하는 자연수가 있습니다. 이 자연수 중에서 홀수의 합과 짝수의 합의 차이가 20이라고 할 때, 이 연속수 중에서 가장 큰 수가 될 수 있는 수를 모두 더하면 얼마인지 구하시오.

A.

풀이 26

정답 79

풀이 • 홀수의 합이 20 큰 경우와 짝수의 합이 20 큰 경우, 두 가
지 경우가 있습니다.

• 연속수가 홀수 개인 경우, 짝수의 합과 홀수의 합의 차는
중간수가 되므로 가장 큰 수는 39입니다.

• 연속수가 짝수 개인 경우, 짝수의 합과 홀수의 합의 차
는 (연속수의 개수)÷2이므로 가장 큰 수는 40입니다.

따라서 가장 큰 수가 될 수 있는 수를 모두 더하면
39+40=79입니다.

두 자리 연속수가 3개 있습니다. 세 연속수의 합은 100보다 크고 200보다 작은 수이고 11의 배수입니다. 이러한 연속수는 몇 개가 있는지 구하시오.

정답 3가지

풀이 연속한 세 수의 합이 100보다 크고 200보다 작으므로 (중간수)×3은 100보다 크고 200보다 작아야 합니다. 그리고 합이 11의 배수가 되려면 중간수가 11의 배수가 되어야 하므로 33보다 크고 67보다 작은 수 중 11의 배수이어야 합니다.

그러므로 중간수가 44, 55, 66일 때 3가지 경우입니다.

(43, 44, 45), (54, 55, 56), (65, 66, 67)

달력에서 어느 한 주일요일부터 토요일까지의 날짜를 모두 더한 값이 35로 나누어떨어졌습니다. 이 주의 일요일이 될 수 있는 날을 모두 구하시오.

정답 2일, 7일, 12일, 17일, 22일

풀이 일주일은 7일이므로 연속한 7개 수의 합은 (중간수)×7입니다. 이 수가 35로 나누어떨어지려면 중간수가 될 수 있는 날은 5일, 10일, 15일, 20일, 25일입니다.

① 5일이 수요일일 때 일요일은 2일입니다.

② 10일이 수요일일 때 일요일은 7일입니다.

③ 15일이 수요일일 때 일요일은 12일입니다.

④ 20일이 수요일일 때 일요일은 17일입니다.

⑤ 25일이 수요일일 때 일요일은 22일입니다.

그러므로 일요일이 될 수 있는 날은 2일, 7일, 12일, 17일, 22일입니다.

다음 조건에 알맞은 수를 구하시오.

- 세 자리 수이다.
- 각 자리 숫자의 합은 15이다.
- 일의 자리 숫자가 백의 자리 숫자보다 5만큼 크다.
- 백의 자리 숫자와 일의 자리 숫자를 바꾸어 새로운 수를 만들면 처음 수를 2배한 것보다 66이 커진다.

풀이 29

정답 429

풀이

a	b	c
1	8	6
2	6	7
3	4	8
4	2	9

처음 세 자리의 자연수를 abc라 하고, $a+b+c=15$라는 조건
과 일의 자리 숫자가 백의 자리 숫자보다 5만큼 크다는 조건
을 이용하여 표를 만들면 위와 같습니다. 이 중에서 $cba=2$
$\times abc+66$을 만족하는 수는 429입니다.

다음 조건에 알맞은 수를 구하시오.

- 세 자리 수 abc이다.
- 백의 자리 숫자 a의 8배는 십의 자리와 일의 자리 숫자로 된 두 자리 수 bc보다 5만큼 작다.
- 백의 자리 숫자를 일의 자리 숫자의 오른쪽으로 옮긴 수는 처음 수보다 117만큼 작다.

정답 653

풀이 a의 8배는 두 자리 수 bc보다 5만큼 작으므로,

$8 \times a + 5 = 10 \times b + c$

또, bca가 abc보다 117만큼 작으므로

$100 \times a + 10 \times b + c = 100 \times b + 10 \times c + a + 117$

$100 \times a + (10 \times b + c) = 10 \times (10 \times b + c) + a + 117$

위에서 $8 \times a + 5 = 10 \times b + c$이므로

$100 \times a + (8 \times a + 5) = 10 \times (8 \times a + 5) + a + 117$

$27 \times a + 81 \times a + 5 = 81 \times a + 50 + 117$

양변에서 $81 \times a$와 5를 없애 주면, $27 \times a = 162$

$a = 162 \div 27 = 6$

따라서 $8 \times a + 5 = 10 \times b + c$에서 $a = 6$이므로

$53 = 10 \times b + c$, $b = 5$, $c = 3$입니다.

즉 처음 세 자리 자연수는 653입니다.

100부터 999까지의 자연수 중에서 각 자리의 숫자 중 짝수가 2
개 이하인 수는 모두 몇 개인지 구하시오.

풀이 31

정답 800개

풀이 100부터 999까지의 자연수 900개 중에서 세 자리 숫자가 모두 짝수인 경우를 빼 주면 됩니다.

세 자리가 모두 짝수인 경우는 백의 자리에 2, 4, 6, 8의 4가지 숫자가 놓일 수 있고, 십의 자리와 일의 자리에는 0, 2, 4, 6, 8의 5가지 숫자가 놓일 수 있습니다.

즉 $4 \times 5 \times 5 = 100$개입니다.

따라서 $900 - 100 = 800$개입니다.

0부터 9까지의 숫자가 각각 한 개씩 쓰인 10장의 숫자 카드가 있습니다. 이중 4장의 카드를 뽑아 네 자리 수를 만들었는데 다음 그림처럼 오른쪽에 놓인 카드의 숫자가 바로 왼쪽에 놓인 카드의 숫자보다 2 이상 작게 되었습니다. 이와 같은 네 자리 수는 모두 몇 개인지 구하시오. 단, 6420은 개수에서 제외

| 6 | 4 | 2 | 0 |

풀이 32

정답 34가지

풀이 • 천의 자리가 6이하면 만들 수 없음

• 천의 자리가 7일 때 : 7420, 7531, 7530, 7520 — 4가지

• 천의 자리가 8일 때 : 8420, 8531, 8530, 8520, 8642, 8641, 8640, 8631, 8630, 8620 — 10가지

• 천의 자리가 9일 때 : 9420, 9531, 9530, 9520, 9642, 9641, 9640, 9631, 9630, 9620, 9753, 9752, 9751, 9750, 9742, 9741, 9740, 9731, 9730, 9720 — 20가지

따라서 4+10+20=34가지입니다.

321쪽까지 있는 책이 있습니다. 이 책의 쪽수에 쓰인 숫자들의 개수를 조사해 보았더니 가장 많이 쓰인 숫자를 알 수 있었습니다. 이 숫자가 무엇인지 찾고, 몇 번 쓰였는지 구하시오.

정답 1, 173번

풀이 백의 자리에 1과 2는 각각 100번씩 쓰였으나 3은 22번 쓰였
고 다른 숫자는 쓰이지 않았습니다. 따라서 가장 많이 쓰인
숫자는 1이거나 2입니다.

그러나 십의 자리에서 2는 321까지만 쓰였고 1은 319까지
모두 쓰였으므로 1이 더 많이 쓰였습니다.

1은 일의 자리에 33번, 십의 자리에 40번, 백의 자리에 100
번, 총 173번 쓰였습니다.

다음은 1부터 120까지의 수를 차례로 늘어놓은 것입니다. 숫자 1
은 숫자 9보다 몇 번 더 사용되었는지 구하시오.

123456789101112…119120

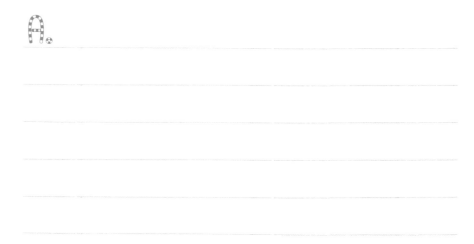

풀이 34

정답 31번

풀이 1부터 99까지 1과 9가 쓰인 횟수는 각각 20번입니다. 따라서
100부터 120까지의 수만 생각하면 됩니다.

숫자 1은 백의 자리에 21번, 십의 자리에는 10번, 일의 자리
에는 2번 들어갔으며, 숫자 9는 일의 자리에 2번 사용되었으
므로 (21+10+2)−2=31번 더 사용되었습니다.

어떤 인쇄기로 1부터 235까지 책의 쪽수를 찍으려고 합니다. 이 인쇄기는 한 번에 한 자씩 찍는다고 합니다. 이 책의 쪽수를 다 찍을 때 가장 많이 찍히는 숫자는 무엇이고 몇 번이나 사용되는지 구하시오.

풀이 35

정답 1, 154번

풀이 1은 백의 자리에서 100번 사용되었으므로 가장 많이 찍힌 숫
자는 1입니다. 1은 일의 자리에 24번 사용되었고, 십의 자리
에 30번 사용되었으므로 24+30+100=154번 사용되었습니다.

1부터 시작하여 차례대로 자연수 12345678910111213…을 썼습니다. 왼쪽에서부터 12, 13, 14번째에 있는 숫자를 보면 연속하여 1이 세 번 나타나는데, 그 이전에 1이 두 번 사용되었습니다. 2가 처음으로 연속하여 다섯 번 나타나기 전까지 2는 몇 번 사용되었는지 구하시오.

정답 66번

풀이 2가 처음으로 연속하여 다섯 번 나타나는 수는 222, 223이므로 1부터 221까지의 수에서 2가 쓰인 횟수를 구하면 됩니다.

2는 일의 자리에 22번 사용되었고 십의 자리에 22번 사용되었으며, 백의 자리에는 22번 사용되었습니다.

따라서 22+22+22=66번 사용되었습니다.